BEI GRIN MACHT SICH IHR WISSEN BEZAHLT

Tanja Steiner

Schatzsuche zum produktiven Üben der schriftlichen Subtraktion

Unterrichtsentwurf zum 2. Staatsexamen - produktives Üben und entdeckendes Lernen

GRIN Verlag

Bibliografische Information der Deutschen Nationalbibliothek:

Die Deutsche Bibliothek verzeichnet diese Publikation in der Deutschen National-
bibliografie; detaillierte bibliografische Daten sind im Internet über http://dnb.d-
nb.de/ abrufbar.

Impressum:

Copyright © 2012 GRIN Verlag GmbH
Druck und Bindung: Books on Demand GmbH, Norderstedt Germany
ISBN: 978-3-656-64036-3

Dieses Buch bei GRIN:

http://www.grin.com/de/e-book/271222/schatzsuche-zum-produktiven-ueben-der-
schriftlichen-subtraktion

GRIN - Your knowledge has value

Der GRIN Verlag publiziert seit 1998 wissenschaftliche Arbeiten von Studenten, Hochschullehrern und anderen Akademikern als eBook und gedrucktes Buch. Die Verlagswebsite www.grin.com ist die ideale Plattform zur Veröffentlichung von Hausarbeiten, Abschlussarbeiten, wissenschaftlichen Aufsätzen, Dissertationen und Fachbüchern.

Besuchen Sie uns im Internet:

http://www.grin.com/

http://www.facebook.com/grincom

http://www.twitter.com/grin_com

Inhaltsverzeichnis

1. Analyse der Lerngruppe und der Lernsituation

1.1 Zur Schule

Die Schule in F. ist eine dreizügige (Klasse 1 bis 3) bzw. vierzügige (Klasse 4) Grundschule mit Grundschulförderklasse. Zurzeit besuchen etwa 320 Schüler[1] die Schule. Der Anteil der Schüler mit Migrationshintergrund liegt bei ca. 40%.

Der Schulalltag ist gegliedert in Unterrichtsstunden á 45 Minuten. Die erste Stunde beginnt um 7.40 Uhr, nach der 2. Stunde um 9.15 Uhr ist die 1. große Pause á 15 Minuten. Daran schließen sich die 3. und 4. Stunde an. Um 11.05 Uhr folgt die 15-minütige 2. große Pause. Es folgen weitere 2 Stunden. Die 6. Stunde endet um 12.55 Uhr. Der Gong als akustisches Signal ertönt zu den großen Pausen und wieder kurz bevor diese enden. Zudem klingelt es zum Ende der 5. Stunde um 12.05 Uhr. So ist eine Rhythmisierung des Schultages individuell möglich.

Die Schule wird momentan im Untergeschoss umgebaut und erhält einen Anbau für den ab nächstem Schuljahr schrittweise eingeführten Ganztagesbetrieb.

1.2 Die Klasse 3a

1.2.1 Lernstand

Ich kenne die Klasse bereits aus Klasse 2, da ich dort während dem ersten Ausbildungsabschnitt schon hospitiert und unterrichtet habe. In diesem Schuljahr habe ich in der Klasse 3a fünf Stunden Mathematik. Zudem unterrichte ich einen Teil der Klasse zwei Stunden im Fach Ev. Religion und fördere ich derzeit acht Schüler aus der Klasse für eine Stunde im Mathematik Förderkurs.

Die Klasse 3a setzt sich aus 22 Schülern, 13 Mädchen und 9 Jungen zusammen. Der Anteil von Schülern mit Migrationshintergrund liegt bei ungefähr 36% (8 Schüler). Das Versprachlichen von Lösungen bzw. allgemein das verständliche Sprechen der deutschen Sprache klappt bei allen Schülern auf angemessene Weise. Den Migrationshintergrund gilt es im Mathematikunterricht vor allem bei schriftlichen Arbeitsanweisungen oder Textaufgaben zu beachten. Hier fällt den Schülern das Entnehmen von relevanten Informationen, das schriftliche Festhalten von Antwortsätzen oder das Aufschreiben von Rechengeschichten teilweise schwer.

Im Allgemeinen ist die Klasse sehr aufgeschlossen und interessiert, man kann mit ihnen gut arbeiten. Das Klassenklima ist sehr positiv. Im Folgenden möchte ich auf die individuellen Voraussetzungen einzelner Schüler näher eingehen.

S. Eltern stammen aus der Türkei und aus Tunesien. Sie ist in Mathematik sehr schwach, in Deutsch hat sie ebenfalls Probleme. Die Versetzung in Klasse 3 schaffte sie nur mit den Noten 5 und 4. S. bekommt viel Unterstützung, darunter auch Nachhilfe in Mathematik. Dennoch kann sie dem Mathematikunterricht nur schwer folgen. Sie beteiligt sich in manchen Stunden sehr rege, kann jedoch oft nicht die korrekte Antwort geben. Ihre Merkfähigkeit ist etwas eingeschränkt, das

---

[1] Aufgrund der besseren Lesbarkeit beschränke ich mich auf die maskuline Form (Schüler). Diese schließt jedoch inhaltlich die feminine Form (Schülerin) mit ein.

1

Automatisieren von Aufgaben, wie z.B. dem Einmaleins, gelingt ihr kaum. Zudem besitzt sie kein gefestigtes Zahlenverständnis und keine Stellenwertvorstellung. Daher fällt ihr auch die Addition und Subtraktion im Zahlenraum bis 1000 sehr schwer. Hier versuche ich im Förderkurs noch einmal im Zahlenraum bis 100 das Stellenwertverständnis anhand von Einerwürfeln, Zehnerstangen und Hundertertafeln mit ihr zu erarbeiten. Das Verfahren der schriftlichen Addition konnte sie recht sicher durchführen und auch den Sinn des Übertrags erklären.

M. hat irische Wurzeln. Sie ist ein sehr stilles Kind, sie meldet sich nur sehr selten im Unterricht und fragt auch kaum nach, wenn sie etwas nicht verstanden hat. Hier muss ich aufpassen, dass ich sie nicht übersehe. In Bezug auf ihre mündliche Beteiligung im Unterricht hat sie im letzten halben Jahr deutliche Fortschritte gemacht. Zudem arbeitet sie mit mehr Sorgfalt, welche gerade bei den schriftlichen Rechenverfahren unerlässlich ist.

A. ist eine sehr gute Schülerin, die meist sehr zügig arbeitet. Sie ist vom Lernstand her den anderen Schülern deutlich voraus. Daher sind Arbeitsblätter meist schnell bearbeitet und sie benötigt zusätzliches Material oder kniffligere Aufgaben. Gelegentlich habe ich sie auch schon als Experte für die Aufgaben bei Arbeitsplänen eingesetzt.

Die Zwillinge **N.** und **N.** gehören ebenso zu den Leistungsträgern der Klasse. Ihre Unterrichtsbeiträge bringen das Unterrichtsgespräch voran. N. muss ab und zu darauf hingewiesen werden, dass er nicht nur schnell, sondern auch ordentlich arbeiten und schreiben soll. N. ist sehr sozial eingestellt und bietet sich öfter an anderen zu helfen.

K. ist eine stille Schülerin. Sie hat oft Verständnisprobleme, äußert diese aber meist selbstständig und ist bemüht, dem Unterrichtgeschehen zu folgen. Sie gehört dennoch zu den leistungsschwächeren Schülern in Mathematik. Bei neuen Unterrichtsthemen beteiligt sie sich am liebsten erst, wenn sie sich sicher ist, dass sie eine Aufgabe korrekt erklären oder lösen kann. Hier gilt es sie zu ermutigen, sich etwas zuzutrauen.

R. gehört in Mathematik zu den leistungsstärkeren Schülern. Er besitzt ein gutes logisches Denken und kann mathematische Sachverhalte verständlich beschreiben. Sein Stottern fällt hierbei kaum auf und stört die Beschreibungen oder Lösungsansätze auch nicht. Seine Schrift ist jedoch aufgrund von Defiziten in der Feinmotorik eher schlecht. Hier gilt es, ihn an die nötige Sorgfalt zu erinnern, da sich sonst beim schriftlichen Rechnen leicht Fehler einschleichen können. Zeitweise hat er auch Probleme mit der Konzentration, welche hauptsächlich auf das diagnostizierte ADS zurückzuführen sind.

A. hat die 2. Klasse wiederholt. Sie bewegte sich dennoch im letzten Schuljahr in Mathematik nur im mittleren Leistungsniveau. Zu Beginn von Klasse 3 hatte sie sich kurzzeitig etwas verbessert, doch dann verschlechterten sich ihre Leistungen wieder, sie wurde nachlässig mit den Hausaufgaben und hatte oft ihre Arbeitsmaterialien nicht dabei. Daher nahm ich sie in die Förderstunde mit auf, um ihr dort die nötige Übungszeit zu ermöglichen und ihre Leistungen genauer zu beobachten. Die letzte Klassenarbeit hat sie gut bewältigt und sie wurde dadurch neu motiviert und zeigte sich in den letzten Stunden enorm leistungsstark und konzentriert.

C. wiederholt die 3. Klasse freiwillig. Sie ist mittlerweile gut in der Klassengemeinschaft integriert. Ihre Mathematikleistungen sind stark tagesabhängig. Ihre Beteiligung am Unterricht beschränkt sich meist darauf, Antworten zu geben, wenn sie angesprochen wird. Sie meldet sich nur selten. Zudem arbeitete sie in den letzten Wochen nur sehr langsam und unkonzentriert. Mit den mathematischen Inhalten hatte sie bisher keine Probleme.

L. und **L.** gehörten zu Beginn von Klasse 3 noch zum mittleren Leistungsniveau. Beide sind jedoch auf einem guten Weg und bringen sich immer wieder auf gewinnbringende Art und Weise in ein Unterrichtsgespräch mit ein, sie beginnen ihre Potenziale auszuschöpfen. Bei beiden ist jedoch oft die fehlende Konzentration noch ein Hindernis, das es zu überwinden gilt.

J. braucht sehr viel Bestätigung und muss daran erinnert werden, mit Aufgaben sofort zu beginnen und konzentriert bei der Arbeit zu bleiben. Daher arbeite ich mit ihm und seiner Mutter an einem Förderplan, um ihn in dieser Hinsicht zu unterstützen. Von seinem Leistungsvermögen gehört er zu den stärkeren Schülern, er schöpft sein Potential jedoch zu selten aus. J. war die letzten 3 Wochen nach den Ferien krank und konnte nicht am Unterricht teilnehmen. Er hat daher alle Einführungsstunden zu den schriftlichen Rechenverfahren verpasst. Dennoch bereitet ihm das schriftliche Rechnen keine Schwierigkeiten, er konnte mir sein Vorgehen genau erläutern.

1.2.2 Räumliche Voraussetzungen

Die meisten Klassenzimmer gehen mit den Fenstern nach hinten in Richtung hinterer Schulhof. Das Klassenzimmer der Klasse 3a befindet sich im hinteren Teil, einem Seitenflügel im Obergeschoss des Schulgebäudes, mit den Fenstern hin zum vorderen Schulhof und dem Haupteingang. Dort befindet sich jedoch momentan die Baustelle für den Anbau für die Ganztagsschule. Neben dem Klassenzimmer befindet sich lediglich noch das Klassenzimmer der Grundschulförderklasse, ein Stockwerk tiefer der Durchgang zum Hintereingang der Schule bzw. der Zugang zum vorderen Pausenhof. Die Lage des Klassenzimmers bietet vor allem auch die Möglichkeit, dass Schüler bei Partnerarbeit die Tische im Seitengang problemlos mitnutzen können, ohne dass andere Klassen gestört werden. Zudem hat die Lage Vorteile hinsichtlich des geringen Geräuschpegels von Nachbarklassen. Momentan während den Baumaßnahmen hingegen ist es eines von drei Klassenzimmern, die den Blick direkt auf die Baustelle haben, welche manches Mal durch Lärm oder interessante Baumaßnahmen für Ablenkung während des

Unterrichts sorgt. Mittlerweile haben sich die Schüler darauf jedoch gut eingestellt, sodass ein konzentriertes Arbeiten möglich ist.

Das Klassenzimmer der Klasse 3a ist recht geräumig. Die Tische stehen momentan als Gruppentische zusammen. Hinten im Klassenzimmer stehen zusätzliche Tische, welche individuell genutzt werden können. Zwischen ihnen steht ein halbhohes Regal. Dort steht verschiedenes Material, unter anderem ein Karton mit verschiedensten Knobelaufgaben, welche auch zur Differenzierung genutzt werden. Zudem gibt es an der Wand hinten ein halbhohes Regal, welches sich über fast die ganze Breite des Klassenzimmers erstreckt. Jeder Schüler besitzt dort ein Fach, in dem die Bücher, Arbeitshefte und ähnliches gelagert werden. Außerdem hat jeder ein Ablagefach, in das nicht fertige Arbeitsblätter gelegt werden können. Das Regal bietet zudem viel Platz für den Aufbau von verschiedenen Stationen oder einer Lerntheke. Bis zu 8 Ablagefächer für Arbeitsblätter und Material haben dort ihren Platz. Tageslichtprojektoren befinden sich im Gang und müssen bei Bedarf von dort ins Klassenzimmer geschoben werden.

1.2.3 Regeln und Rituale

Ich arbeite seit Beginn des Schuljahres mit Hausaufgabenkarten und -gutscheinen. Wenn ein Schüler die Hausaufgaben vergessen oder unvollständig bearbeitet hat, dann wird eine der vier Ecken abgeschnitten. Nach 4 Wochen bekommen die Schüler, deren Karte noch vollständig ist einen Hausaufgabengutschein. Sollten bei einem Schüler alle vier Ecken fehlen, so werden die Eltern per Brief mit Rückmeldeabschnitt informiert. So möchte ich die Schüler motivieren regelmäßig ihre Hausaufgaben zu machen, da diese einen wichtigen Teil der Übung des momentan behandelten Stoffes ausmachen.

Eine grundsätzliche Regel ist natürlich auch das Melden, wenn man etwas sagen möchte. Dies klappt im Normalfall recht gut, ist jedoch oft begleitet durch schnipsen o.ä., um dem Melden Nachdruck zu verleihen. Hier versuche ich immer wieder zu intervenieren, möchte jedoch nicht zu stark eingreifen, da ich die große Mitarbeitsbereitschaft grundsätzlich nicht einschränken möchte. Bei Gruppen- oder Partnerarbeit ist eigentlich Austausch im Flüsterton erlaubt, prinzipiell ist jedoch Ruhe und konzentriertes Arbeitsklima gewünscht, um allen anderen ein gutes Arbeiten zu ermöglichen. Hierfür gibt es 3 Bildkarten (Melden, Zuhören, Leise sein), die den Schülern bekannt sind, aber immer wieder ins Gedächtnis gerufen werden müssen.

Des Weiteren benutze ich eine kleine Glocke als Ruhesignal und den Klangstab zur Ankündigung eines Phasenwechsels. Wird der Klangstab zum ersten Mal angeschlagen, schauen die Schüler zu mir und ich zeige mit den Fingern die noch verbleibende Zeit nonverbal an. Beim zweiten Anschlagen beenden die Schüler ihre Arbeit und gehen an ihren Platz zurück. Anschließend folgt die nächste Arbeitsanweisung. Seit einiger Zeit habe ich die Regel eingeführt, dass die Schüler zur Begrüßung aufstehen. Dies liegt daran, dass es sonst oft noch unruhig ist und die Schüler die Begrüßung teilweise gar nicht mitbekamen, da sie noch damit beschäftigt waren, ihr Arbeitsmaterial zu suchen.

1.2.4 Arbeits- und Sozialformen

Die Kinder der Klasse 3a arbeiten im Allgemeinen recht gut mit, egal in welcher Sozialform. Die meist genutzten Formen im Mathematikunterricht sind Einzel- oder Partnerarbeit. Bei Partnerarbeit arbeiten die Schüler entweder mit dem Banknachbarn oder mit einem beliebig gewählten Schüler. Die Einzelarbeit wird auch gerade in Übungsphasen oft durch verschiedene Stationen, eine Lerntheke oder einen Arbeitsplan unterstützt. Um das individuelle Arbeitstempo aufzufangen werden dort Pflicht- und Wahlaufgaben oder Zusatzstationen, teilweise auch zum Knobeln, eingebaut. Teilweise stellen sich die stärkeren Schüler als Helfer bzw. Experten zur Verfügung. In diesem Schuljahr habe ich begonnen verschiedene Formen des kooperativen Lernens in der Klasse einzuführen, um die unterschiedlichen Leistungsniveaus produktiv in Gruppen zusammenarbeiten zu lassen. Hier kennen die Schüler beispielsweise die Arbeit in Kleingruppen bis zu 5 Schülern, wobei jeder Schüler zusätzlich zur eigentlichen, mathematischen Gruppenaufgabe, eine weitere Aufgabe, wie Schreiber, Zeitwächter, Materialwächter oder Mitarbeitswächter, zugeteilt bekommt. Die Form der Gruppenarbeit, bei der ich die Schüler den jeweiligen Gruppen zuweise, wird von den Schülern gut angenommen. Bei Knobelaufgaben bzw. Entdecker-Aufgaben kennen die Schüler die Rechenkonferenz im Sinne der Think-Pair-Share-Methode des kooperativen Lernens oder der Partnerfindung über die Haltestelle, die ich im geplanten Unterricht einsetzen möchte.

1.2.5 Vorkenntnisse

Im Normalfall führe ich vor jeder Unterrichtseinheit eine Lernstandserhebung durch, um die Vorkenntnisse der Schüler zu überprüfen. Dieses Mal habe ich kurz vor der Einführung der schriftlichen Rechenverfahren eine Klassenarbeit geschrieben, in der Aufgaben zur Addition und Subtraktion gelöst werden mussten. Die Schüler durften ein leeres kariertes Blockblatt für Nebenrechnungen verwenden, welches am Schluss mit abgegeben werden musste. Die meisten Schüler haben von ihren Eltern bereits ein schriftliches Rechenverfahren gezeigt bekommen und so konnte ich die Vorkenntnisse zu den schriftlichen Rechenstrategien anhand der Nebenrechnungen analysieren. Hier war deutlich zu erkennen, dass nahezu alle Schüler, v.a. die Schwächeren, im Bereich der Addition das schriftliche Verfahren auch mit Übertrag bereits anwenden konnten. In der Einführungsstunde zeigte sich jedoch bei einigen Schülern, dass das nötige Verständnis, was der kleine Einser im Übertrag denn bedeutet, noch nicht vorhanden war. Im Bereich der schriftlichen Subtraktion konnten die meisten Aufgaben ohne Übertrag gerechnet werden, jedoch war nur bei einzelnen Schülern das schriftliche Verfahren mit Übertrag bekannt und konnte fehlerfrei angewandt werden. Hier kann im Allgemeinen nicht an Vorwissen angeknüpft werden. Eine weitere wichtige Voraussetzung für das sichere schriftliche Rechnen ist das Beherrschen des kleinen „Einspluseins" und „Einsminuseins"[2]. Dies trainiere ich durch regelmäßiges Kopfrechnen im alltäglichen Unterricht. Hierfür stelle ich den Schülern Aufgaben, die

---

[2] Radatz, Hendrik und Schipper, Wilhelm: Handbuch für den Mathematikunterricht. 3.Schuljahr. Schroedel Verlag Hannover, 1999. S. 121+133.

sie im Kopf lösen und das Ergebnis in einer Tabelle notieren. Bei der anschließenden Korrektur zählt der Banknachbar die richtigen Ergebnisse. Das Wechseln in der Stellenwerttafel, welches ebenfalls zu den notwendigen Vorkenntnissen für das Verständnis des Übertrags gehört, wurde im Zusammenhang mit der Erarbeitung des Zahlenraums bis 1000 handelnd erarbeitet und auch auf symbolischer Ebene geübt.

2. Analyse der Sache bzw. des Inhalts

2.1 Das Verfahren der schriftlichen Subtraktion

Für die Einführung der schriftlichen Subtraktion stehen verschiedene Verfahren zur Auswahl. Grundsätzlich unterscheiden sich die Verfahren zunächst darin, wie die Differenz berechnet wird. Dies kann durch Abziehen oder durch Ergänzen geschehen. Zudem besteht die Wahl, wie man den Stellenübergang einführen möchte.

Behandlung des Stellenübergangs	Berechnung der Differenz/Rechenrichtung	
	Abziehen (Minus-Sprechweise)	Ergänzen (Plus-Sprechweise)
Entbündeln	$8'6'^{10}2^{10}$ $-3\,8\,7$ $4\,7\,5$ „2 – 7 geht nicht. Ich wechsle 1 Zehner in 10 Einer um. 12 – 7 = 5. Es sind noch 5 Zehner ..."	$8'6'^{10}2^{10}$ $-3\,8\,7$ $4\,7\,5$ „7 + __ = 2 geht nicht. Ich wechsle 1 Zehner in 10 Einer um. 7 + 5 = 12. Es sind noch 5 Zehner ..."
Erweitern	$8\ 6^{10}\ 2^{10}$ $-3_1\,8_1\,7$ $4\ 7\ 5$ „2 – 7 geht nicht. Ich erweitere oben mit 10 Einern und unten mit einem Zehner. 12 - 7 = 5 ..."	$8\ 6^{10}2^{10}$ $-3_1\,8_1\,7$ $4\ 7\ 5$ „7 + __ = 2 geht nicht. Ich erweitere oben mit 10 Einern und unten mit 1 Zehner. 7 + 5 = 12 ..."
Auffüllen		$8\ 6\ 2$ $-3_1\,8_1\,7$ $4\ 7\ 5$ „7 + 5 = 12. Das sind die geforderten 2 (Einer) und 1 Zehner für die nächste Spalte ..."

Darstellung der einzelnen Verfahren

Radatz und Schipper stellen die einzelnen Verfahren in neben stehender Tabelle[3] dar.

In Absprache mit meinen Parallelkolleginnen haben wir entschieden, das Ergänzungsverfahren zu wählen und somit wurde von mir die schriftliche Subtraktion entsprechend eingeführt. Im Schulbuch wird vorrangig das Abziehen vorgestellt, doch auch das Ergänzen wird als alternative Rechenmöglichkeit aufgezeigt.[4]

Mir ist jedoch sehr wichtig, dass die Schüler das von ihnen angewandte Verfahren verstehen und erklären können. Hier gilt es, den Migrationshintergrund zu berücksichtigen, denn in anderen Ländern ist das Ergänzungsverfahren nicht üblich. Daher habe ich mich dazu entschieden, wenn es einem Schüler leichter fällt die Subtraktion über das Abziehen zu praktizieren und er seine Rechnung anhand dieses Verfahrens erklären

kann, es natürlich auch zuzulassen. Die Schüler sollen das Verfahren nachvollziehen und nicht nur stur auswendig können.[5] Dazu gehört, dass die Schüler laut vorrechnen können, also zum Rechnen sprechen können und auch erklären können, woher ein Übertrag kommt. Daher habe ich für einen Hefteintrag das angeschriebene Beispiel und den Wortlaut von einem meiner Schüler

[3] Ebd. S. 132.
[4] Vgl. Schmidt, Johanna (Hrsg.): Mein Mathebuch 3. Bayrischer Schulbuch Verlag GmbH, 2009. S. 84f.
[5] Vgl. Radatz, Hendrik und Schipper, Wilhelm: Handbuch für den Mathematikunterricht. 3.Schuljahr. S. 133.

gewählt, der für alle erklärt hatte, woher die Eins im Übertrag kommt: „Von 9 bis 4 geht nicht. Ich nehme einen Zehner dazu: von 9 bis 14 sind es 5. Schreibe 5, behalte 1. Die kleine 1 im Übertrag heißt, dass ich wieder 10 wegnehmen muss."

8 6 2 Das Sprechen habe ich mit meiner Klasse wie folgt festgelegt:
-3 8 7 Von 7 bis 12 sind es 5, schreibe 5, behalte 1. 8+1 sind 9, von 9 bis 16 sind es 7,
4 7 5 schreibe 7, behalte 1. 3+1 sind 4, von 4 bis 8 sind es 4, schreibe 4.

2.2 Zur Diskussion über die schriftlichen Rechenverfahren

1958 legte die Kultusministerkonferenz das Ergänzen als Verfahren fest und bestätigte diese Festlegung 1976 noch einmal. Im sog. alten Bildungsplan von 1994 wurde in Baden-Württemberg das Ergänzen als verbindliches Verfahren für die schriftliche Subtraktion festgelegt. Mit dem Bildungsplan von 2004 wurde diese Verbindlichkeit aufgehoben und die Lehrkräfte dürfen das Verfahren selbst wählen. In diesem Zusammenhang ist es unerlässlich, sich mit der Diskussion über Vor- und Nachteile intensiv auseinanderzusetzen.

2.2.1 Das Ergänzungsverfahren und das Abziehverfahren

Die Vorteile des Ergänzungsverfahrens liegen beispielsweise darin, dass im Mathematikunterricht der weiterführenden Schulen dieses Verfahren angewendet wird und die Schüler dahingehend vorbereitet werden sollten. Zudem bringen viele Eltern ihren Kindern das schriftliche Subtrahieren bereits vor der Einführung in der Schule bei und benutzen dafür das Verfahren, welches ihnen selbst geläufig ist, das sie selbst zu Schulzeiten gelernt haben. Im rein mathematischen Bereich betont Padberg die Vorteile, dass für das Ergänzungsverfahren das weniger fehleranfällige „Einspluseins" genügt. Ebenso wird das Vorwärtszählen besser beherrscht als das Rückwärtszählen und den Schülern kann über Ergänzen der Zusammenhang zwischen Subtraktion und Addition aufgeschlossen werden. Zudem ist das subtrahieren mehrerer Subtrahenden oder das Auftreten einer oder mehrere Nullen im Minuenden einfacher zu handhaben.[6] Demgegenüber führen Radatz und Schipper Probleme des Ergänzungsverfahrens an. Die natürliche Handlung der Subtraktion wird ignoriert und es sind häufig Verwechslungen oder Übertragungsfehler aus dem Bereich der schriftlichen Addition zu beobachten. Zudem beziehen sich nur sehr wenige Lebenssituationen auf das Ergänzen. Ein weiterer Punkt, welcher gegen das Ergänzungsverfahren spricht, ist die Tatsache, dass es im internationalen Vergleich keine Rolle spielt, Deutschland steht hiermit nahezu allein. Dies hat natürlich in Klassen mit hohem Anteil an Schülern mit Migrationshintergrund dementsprechend die Folge, dass Eltern ihren Kindern tendenziell das Abziehverfahren erklären werden, weil es ihnen vertrauter ist oder sie im schlimmsten Fall das Ergänzungsverfahren nicht nachvollziehen können.

---

[6] Vgl. Padberg, Friedhelm: Didaktik der Arithmetik. BI-Verlag Mannheim, 1992. S. 138-145.

Die Vorteile des Abziehverfahrens benennen Radatz und Schipper unter anderem im Lebensweltbezug, denn die meisten Alltagssituationen bedienen sich eher dem Abziehen. Dementsprechend ist auch die Einsicht in dieses Verfahren eher gegeben und auch Schüler mit Rechenschwierigkeiten können ein Verständnis für dieses Verfahren aufbauen. Außerdem kommt es zu weniger Fehlern, die sich auf ein Verwechseln mit der Addition zurückführen lassen. In der Literatur werden jedoch auch Nachteile des Abziehverfahrens geäußert. So ist zum einen das Subtrahieren mehrerer Zahlen schwierig und muss ggfs. über Zwischenschritte gelöst werden und zum anderen muss auf das Lösen von Aufgaben mit mehreren Nullen im Minuenden gezielt und vertieft eingegangen werden, um ein korrektes Lösen zu ermöglichen.

2.2.2 Probleme des Erweiterns für Stellenüberschreitungen

Ein grundsätzliches Problem sehen Radatz und Schipper im Erweitern, sowohl im Bereich des Abziehens, wie auch beim Ergänzen. Hier werden Zahlen manipuliert, indem sie beispielsweise aus dem Kontext einer Sachaufgabe herausgelöst werden und durch das Erweitern verändert werden, um eine Aufgabe lösen zu können. Dies bedeutet, dass eigentlich nicht mehr die Grundaufgabe gerechnet wird und es für die Anwendung des Erweiterns eine Einsicht in das Gesetz der Konstanz der Differenz benötigt, welches nur sehr wenige Schüler in der 3. Klasse schon begreifen können.[7]

2.2.3 Zur Begründung der Entscheidung für das Ergänzungsverfahren

Wie bereits oben kurz angesprochen fiel der Entschluss in Absprache mit meinen Parallelkolleginnen. Dies halte ich für unerlässlich, da im nächsten Schuljahr vermutlich eine andere Lehrkraft der Schule die Klasse in Mathematik weiterführen und mit den Kolleginnen der Parallelklasse kooperieren wird. Ein einheitliches Verfahren in der Klassenstufe 3 einzuführen erleichtert die Weiterarbeit. Zudem konnte ich aus Erklärungen und vorangegangenen Übungsaufgaben oder Hausaufgaben zum Addieren und Subtrahieren bereits sehen, dass viele Schüler das Ergänzungsverfahren von ihren Eltern bereits erklärt bekommen hatten. Meiner Meinung nach führt es zu enormer Verwirrung, gerade bei den schwächeren Schülern, wenn sie nun ein anderes Verfahren lernen sollen. Da es jedoch auch Schüler gibt, insbesondere die Kinder mit türkischem oder griechischem Migrationshintergrund sind hier aufgefallen, die das Abziehen bevorzugen, möchte ich den Kindern das Verfahren insoweit freistellen, dass wir im Unterricht zwar das Ergänzungsverfahren erarbeiten und sie es möglichst auch anwenden können sollten, aber wenn es ihnen einsichtiger ist, dass sie mit Hilfe des Abziehverfahrens rechnen dürfen. Es geht mir nicht um ein einziges automatisiertes Verfahren, sondern darum, den Schülern das Verstehen dieser Verfahren zu ermöglichen. Wie sich meines Erachtens aus oben genannten Argumenten ergibt, kann es nicht das Ziel sein, ein Verfahren für alle festzulegen, wenn der Mathematikunterricht auf Verstehensprozesse und weniger auf Ergebnisorientierung ausgerichtet werden soll.

---

[7] Vgl. Radatz, Hendrik und Schipper, Wilhelm: Handbuch für den Mathematikunterricht. 3.Schuljahr. S. 133ff.

2.3 „Minustürme"[8]

Wittmann und Müller stellen die „Minustürme" als motivierendes Format für strukturiertes Üben der schriftlichen Subtraktion vor. Hierbei werden drei beliebige Ziffern von Eins bis Neun gewählt, die alle verschieden sind. Anschließend werden daraus die größte und die kleinste Zahl gebildet und voneinander subtrahiert. Aus den Ziffern des Ergebnisses werden wieder die größte und kleinste Zahl gebildet und erneut der Unterschied berechnet. Dieses Verfahren wird solange wiederholt, bis die Rechnung und das Ergebnis aus identischen Ziffern besteht. Anschließend wiederholen sich die Rechnungen. Dann werden die Rechnungen gezählt und die Anzahl ergibt die Stockwerkzahl des Minusturms. Diese Rechenketten sollen einige Male durchgeführt werden, damit die Schüler dann folgende Vermutungen aufstellen können:

- Jedes Ergebnis hat an der Zehnerstelle eine 9.
- Die Ergebnisse wiederholen sich.
- Die Rechnungen führen immer zur Zahl 495.
- Die Hunderterstelle und die Einerstelle addiert ergibt 9.
- Es gibt maximal 5 Stockwerke.

Gegebenenfalls können einige Schüler ihre Beobachtungen auch begründen. Hier kann durch gezielte Fragen eine mathematische Argumentation angeregt werden.[9]

2.4 Kaprekar-Zahlen

Der indische Mathematiker D.R. Kaprekar entdeckte im Jahr 1949, dass bei Anwendung des oben beschriebenen Verfahrens im Bereich der dreistelligen Zahlen bei der Wahl von 3 verschiedenen Ziffern am Ende stets die Zahl 495 berechnet wird. Dieses Verfahren lässt sich ebenso auf vierstellige Zahlen anwenden. Dort ergibt sich nach spätestens sieben Rechnungen immer die Zahl 6174. Diese Konstanten wurden nach ihrem Entdecker benannt.[10] Warum man immer bei der „Kaprekar-Zahl" 495 landet lässt sich unter folgenden Voraussetzungen beweisen:

(1) Man wählt drei verschiedene Ziffern a, b, c.

(2) Die Ziffern werden der Größe nach geordnet (a > b > c).

(3) Man bildet die größte Zahl (abc) und die kleinste Zahl (cba).

(4) Man berechnet die Differenz der beiden Zahlen. Dabei kann es sein, dass dies bereits 495 ergibt. Ist dies nicht so, bildet man aus den Ziffern der Differenz wieder die größte und kleinste Zahl und subtrahiert diese wieder voneinander. So ergibt sich nach spätestens fünf Rechnungen die Zahl 495.

---

[8] Wittmann, Erich Ch. Und Müller, Gerhard N.: Handbuch produktiver Rechenübungen. Band 2. Vom halbschriftlichen zum schriftlichen Rechnen. Klett Verlag Stuttgart, 1992. S. 38.
[9] Vgl. ebd. S. 38f.
[10] http://www.iaz.uni-stuttgart.de/LstAGeoAlg/Rump/.mathe.pdf (eingesehen 16.03.12)

Beweis:

Die Zahl abc wird beschrieben als 100a + 10b + c, hiervon subtrahiert man 100c + 10 b + a.

(100a + 10 b + c) - (100c + 10 b + a) =

100a + 10b + c - 100c - 10b - a = 99 (a - c)

Somit können, wenn Ziffern zwischen Eins und Neun gewählt werden, nur folgende 8 Ergebnisse berechnet werden, die dann zur Zahl 495 führen:

$99 \cdot 2 = 198$

$99 \cdot 3 = 297$

$99 \cdot 4 = 396$

$99 \cdot 5 = 495$

$99 \cdot 6 = 594$

$99 \cdot 7 = 693$

$99 \cdot 8 = 792$

$99 \cdot 9 = 891$

Des Weiteren lässt sich beweisen, dass die Einer und die Hunderterstelle der Ergebnisse immer Neun ergeben müssen. Dafür benötigen wir die formale Rechnung

$$\begin{array}{c} a\ b\ c \\ -\ c\ b\ a \\ \hline \end{array}$$

(1) Für die Hunderterstelle ergibt sich a - (c + 1).

(2) Für die Zehnerstelle ergibt sich immer 9.

(3) Für die Einerstelle ergibt sich c + 10 - a.

Beweis:

a - (c + 1) + c + 10 - a =

a - c - 1 + c + 10 - a = 9

Insgesamt ergeben sich für die Auswahl der Ziffern zu Beginn 84 Möglichkeiten. Die Anzahl ergibt sich aus der kombinatorischen Formel

$$\binom{n}{k} = \frac{n!}{k! \cdot (n - k)!}$$

Für k = 3 Ziffern aus n = 9 möglichen Ziffern ohne doppelte Ziffern und ohne das die ausgewählte Reihenfolge wichtig ist ergeben sich die 84 Möglichkeiten.

3. Analyse fachdidaktischer Aspekte

3.1 Bezug zum Bildungsplan

In den zentralen Aufgaben des Mathematikunterrichts finden sich zwei bedeutsame Forderungen, die Anwendungsorientierung und die Strukturorientierung. Die Anwendungsorientierung spielt im Bereich der Rechenverfahren zur schriftlichen Subtraktion eher die nachgeordnete Rolle. Zu

Beginn liegt der Fokus auf der Strukturorientierung. Hier soll den Schülern die Möglichkeit gegeben werden, „auf ihrem Niveau mathematische Strukturen und Zusammenhänge auch kontextfrei zu entdecken, diese zu untersuchen und zu nutzen. Diese Strukturorientierung soll den Kindern den Zugang zum „Geist der Mathematik" öffnen, indem sie Zahlbeziehungen und Regelhaftes erkennen, formulieren und für flexibles Rechnen nutzen."[11] Kontextfrei heißt in diesem Zusammenhang losgelöst von einem direkten Bezug zur Lebenswelt der Schüler, wie es beim Üben des Verfahrens zur schriftlichen Subtraktion der Fall ist. Dennoch darf nicht ausschließlich das Durchführen des Verfahrens im Mittelpunkt stehen, vielmehr sollen die Schüler Entdeckungen im Bereich der Zahlbeziehungen machen können, wie es der Bildungsplan fordert. Zudem muss die Unterrichtskultur die Schüler motivieren, fordern, fördern und ihnen Freude am Umgang mit mathematischen Inhalten vermitteln.

Das schriftliche Rechnen trainiert die Sicherheit im Zahlenraum, indem Ergebnisse des „Einspluseins" und „Einminuseins" jederzeit abrufbar sein müssen, dabei aber immer überprüft werden muss, ob das schriftliche Rechnen wirklich die korrekte Strategie für die entsprechende Aufgabe darstellt, oder ob das Kopfrechnen die aufgabenadäquatere Strategie wäre. Diese arithmetische Kompetenz gilt es, bei den Schülern zu fördern. Zudem erwerben die Schüler durch das Entdecken, das Forschen und Vergleichen mathematisch-naturwissenschaftliche Basiskompetenzen.

In der Leitidee „Zahl" ist für Ende Klasse 4 die Kompetenz formuliert, dass die Schüler sicher schriftlich rechnen können. Um diese Sicherheit zu erwerben, ist zunächst das Verstehen des Verfahrens und dann auch das Üben von großer Bedeutung. Das formale Üben, welches gerade für die schriftlichen Rechenverfahren eine bedeutende Rolle spielt, wird im Bildungsplan als unverzichtbar bezeichnet. Das Üben sollte möglichst motivierend und anhand verschiedener Aufgabenformate geschehen.[12] Für die vorliegende Stunde habe ich bewusst diese Kompetenz ausgewählt, da die schriftliche Subtraktion gerade erst eingeführt wurde und dementsprechend der Fokus zunächst auf der Übung, auf dem Beherrschen des Verfahrens liegt. In der Stunde wird zudem bei einigen Schülern die Kompetenz, „[...] arithmetische Muster in innermathematischen [...] Kontexten erkennen, beschreiben und Vorhersagen zur Fortsetzung treffen"[13] zu können, angebahnt werden. Da dies meines Erachtens nur einen Teil der Schüler betrifft wird der Fokus erst in den Folgestunden auf diese Kompetenz gelegt, wenn das Üben schon ein wenig mehr gefestigt ist.

Neben den inhaltlichen Kompetenzen sind die allgemein mathematischen prozessbezogenen Kompetenzen[14] von zentraler Bedeutung für den Mathematikunterricht. In der geplanten Stunde

---

[11] Ministerium für Kultus, Jugend und Sport Baden-Württemberg: Bildungsplan für die Grundschule. Neckar-Verlag Stuttgart, 2004. S. 54.
[12] Vgl. Bildungsplan Grundschule 2004. S. 56ff.
[13] Bildungsplan Grundschule 2004, S. 61.
[14] Beschlüsse der Kultusministerkonferenz (15.02.2004): Bildungsstandards im Fach Mathematik für den Primarbereich (Jahrgangsstufe 4). Wolters Kluwer Deutschland GmbH München, 2005. S. 7f.

liegt der Schwerpunkt dieser 5 Kompetenzen auf dem Argumentieren. Unter Argumentieren verstehen Krauthausen und Scherer „eine spezielle Ausprägung der Ausdrucksfähigkeit"[15], welche sich im Beschreiben, Begründen oder auch Beweisen von Mustern oder Gesetzmäßigkeiten zeigt. Mir ist bewusst, dass die Schüler, die nicht in den Austausch mit einem Partner gehen, diese Kompetenz in der geplanten Stunde kaum weiterentwickeln werden. Dennoch werden auch diese Schüler vermutlich Beobachtungen machen und beschreiben können. Bei der Vorstellung der verschiedenen Entdeckungen und gegebenenfalls den dazugehörenden Begründungen können diese Schüler dennoch Fortschritte bei der Anbahnung der Kompetenz des Argumentierens machen, da sie sich entweder direkt in das Sammeln der Entdeckungen einbringen oder für sich ihre Beobachtungen anhand der von den Mitschülern genannten Punkte überprüfen. Die Fähigkeit, Beobachtungen zu machen und zu beschreiben, wird in den Folgestunden vertieft werden.

3.2 Bildungsbedeutsamkeit

Wie bereits angeführt liegt die Bildungsbedeutsamkeit für die Schüler nicht in einem direkten Alltagsbezug sondern auf der mathematischen Ebene. Die Schüler wollen auch schwierige Subtraktionsaufgaben lösen können. Die Klasse hat darauf hin gefiebert, endlich „das Rechnen mit untereinanderschreiben" zu lernen und ist momentan mit großem Eifer am Üben des schriftlichen Rechnens. Die Bedeutsamkeit dieses Erfolgserlebens, schwere Aufgaben rechnen zu können, ist besonders für die schwächeren Schüler sehr motivierend. Der Anwendungsbezug wird zunächst zu Gunsten der Übung des Verfahrens zurückgestellt und dann schrittweise wieder einbezogen, wenn die Schüler beispielsweise schriftliche Verfahren zur Lösung von Sachaufgaben oder Problemstellungen nutzen, welche sich aus der Lebenswelt der Schüler ergeben. Das Anwenden der schriftlichen Verfahren auf Sachaufgaben kann jedoch erst vorgenommen werden, wenn damit einigermaßen fehlerfrei gerechnet werden kann. Da die schriftliche Subtraktion erst vor einer Woche eingeführt wurde und somit erst in 3 Stunden thematisiert wurde, steht momentan das formale Üben im Vordergrund. Dennoch lege ich auch viel Wert darauf den Schülern das Verstehen und Nachvollziehen des Verfahrens zu ermöglichen. Denn wenn das Verfahren nur automatisiert abläuft und dabei nicht verstanden wird, kann es nur schwer auf alltägliche Sachsituationen oder Problemstellungen angewandt werden.

3.3 Didaktische Prinzipien

Zu den didaktischen Prinzipien des Mathematikunterrichts gehört das Üben, welches in der vorliegenden Stunde im Mittelpunkt steht. Der Bildungsplan unterscheidet hier zwischen formalem und produktivem Üben. Formal heißt in diesem Fall, Verfahren zu üben, Wert zu legen auf Reproduktion, während sich produktives Üben auf das Nutzen von Rechenvorteilen und strategisches Vorgehen bezieht.[16] Krauthausen und Scherer unterscheiden in Anlehnung an Wittman Übungen nach zwei Kategorien mit folgenden Kriterien: dem Grad der Strukturierung und

---

[15] Krauthausen, Günter und Scherer, Petra: Einführung in die Mathematikdidaktik. 3. Auflage. Spektrum
   Akademischer Verlag Heidelberg, 2007. S. 119.
[16] Vgl. Bildungsplan Grundschule 2004, S. 57.

der Zugangsweise (Strukturierungstypen) sowie der Grad der Strukturierung und die Nutzung zusätzlicher Hilfsmittel (Übungstypen). Für das Üben werden keine Hilfsmittel benötigt. Bezogen auf die geplante Stunde bedeutet dies, dass die Übungen dem formalen Üben zugeordnet werden. Im Schema der Strukturierungstypen befinden sich die Übungen im Bereich der operativ strukturierten Übungen, da sich eine Beziehung zwischen den Aufgaben ergibt bzw. die Ergebnisse in gesetzmäßigem Zusammenhang stehen. Die Zugangsweise erfolgt über reflektiertes Üben, da die Zusammenhänge erst nach mehreren gerechneten Minustürmen zu erkennen sind. Das reflektierte Üben ist in zwei Phasen gegliedert: Die Übungsphase, welche für sich isoliert steht und daran anschließend eine Phase der Reflexion, in der über das Entdeckte nachgedacht wird.

Unter produktivem Üben als Übungsform verstehen Krauthausen und Scherer, dass Entdeckungen möglich gemacht werden müssen, eine Reflexion nötig wird und durch das Üben neue Erkenntnisse gewonnen werden können. Dementsprechend sind die Minustürme eine produktive Übungsform, die mittels reflektierten Übens zunächst das formale Üben und dann das Entdecken von Zusammenhängen und Regelhaftem fördern. Durch dieses Entdecken werden prozessbezogene Kompetenzen, wie das Argumentieren, weiterentwickelt. Produktives Üben nach Winter bedeutet, dass es immer auch Anteile von entdeckendem Lernen enthält.[17]

Im Bildungsplan wird das entdeckende Lernen und Arbeiten als zentrales fachdidaktisches Prinzip angeführt. Wenn das Lernen auf einen Verstehensprozess hin ausgerichtet wird, dann muss das aktiv-entdeckend geschehen. Dies hat für den Mathematikunterricht die Konsequenz, dass Lernen sich an der Lebenswelt der Schüler orientiert und als aktiver Prozess verstanden wird, in dem weniger die Ergebnisorientierung als das Verstehen mit allen Fehlern, die auf diesem Weg notwendig sind. So soll das entdeckende Lernen nicht die Methode sein, sondern bereits die Ziele des Unterrichts mitbestimmen. Durch die Bearbeitung von scheinbar unabhängigen Aufgaben sollen Zusammenhänge und Gesetzmäßigkeiten entdeckt, beschrieben und im sozialen Austausch benannt und erörtert werden. Ein weiteres wichtiges Merkmal des entdeckenden Lernens ist es, dass die Schüler auf ihrem Niveau, bei ihrem Lernstand, abgeholt werden und dennoch allen Schülern Entdeckungen ermöglicht werden. Dementsprechend ist es die Aufgabe der Lehrkraft geeignete Aufgaben zu finden und im Bearbeitungsprozess die Schüler zu unterstützen, ihr Vorwissen zu aktivieren und die Wege der Schüler ernst zu nehmen, ihnen aber keinen Lernweg vorzuschreiben.[18] Ein weiteres wichtiges Prinzip ist die Differenzierung, die beim entdeckenden Lernen als Bedingung mit berücksichtigt werden muss. Hier biete sich vor allem die natürliche Differenzierung an, da diese Aufgaben oft auch schon aktiv-entdeckendes Lernen fördern. Die natürliche Differenzierung beinhaltet das Bearbeiten einer Aufgabe auf unterschiedlichem Niveau,

---

[17] Vgl. Krauthausen, Günter und Scherer, Petra: Einführung in die Mathematikdidaktik. S. 119-125.
[18] Vgl. Didaktik Mathematik am Seminar Nürtingen (a): Problemorientiertes und entdeckendes Lernen im Mathematikunterricht. Unveröffentlichtes Skript der Fachdidaktik Mathematik am Staatlichen Seminar für Didaktik und Lehrerbildung Nürtingen (GHWRS). S. 2-6 u. 13f.

sodass ein Austausch, das soziale Lernen, bestehen kann. Zudem kann bei einer solchen Aufgabe jeder Schüler nach seinen individuellen Bedürfnissen und seinem Vorwissen arbeiten.[19]

In der geplanten Unterrichtsstunde wird an das Vorwissen der Schüler über die schriftliche Subtraktion angeknüpft. Entdeckungen sind auf verschiedenen Niveaus möglich, von der einfachen Beobachtung, dass bei jeder Ergebniszahl in der Mitte die Neun steht, bis hin zu anspruchsvolleren Beobachtung wie beispielsweise, dass die Quersumme immer 18 ergibt oder der Erklärung für die Zahl Neun an der Zehnerstelle zu formulieren. Wie bereits erwähnt profitieren die Schüler auf dem Niveau, auf dem sie sich befinden. Ganz im Sinne der natürlichen Differenzierung bieten die Minustürme viele Möglichkeiten nach oben. Manche Schüler üben in dieser Stunde das schriftliche Subtrahieren und andere Schüler machen zusätzlich Entdeckungen oder können sogar Erklärungen formulieren.

Die Rahmenhandlung der Stunde stellt eine Suche nach dem Schlüssel zum Schatz dar. Diesen Zugang habe ich gewählt, da die Schüler im Fach Deutsch bis vor kurzem das Thema Märchen behandelt haben und in der Klasse die Faszination nach wie vor anhält. So wurde beispielsweise im letzten Aufsatz, der als Reizwortgeschichte geschrieben werden sollte, fast ausschließlich wieder das Thema Märchen gewählt. Diese Rahmenhandlung wäre beliebig austauschbar, aber durch die Präsenz der Märchenthematik wirkt genau dieser Rahmen motivierend auf die Schüler.

4. Einordnung der Unterrichtssequenz in die Unterrichtseinheit

Tag	Kompetenzorientiertes Lernziel
29.02.12	Die SuS lernen das Verfahren der schriftlichen Addition ohne Übertrag und üben dieses.
02.03.12	Die SuS üben das schriftliche Addieren ohne Übertrag.
06.03.12	Die SuS lernen das Verfahren des schriftlichen Addierens mit Übertrag und üben dieses mit Hilfe eines Arbeitsplans.
07.03.12	Die SuS üben anhand des Arbeitsplans die schriftliche Addition mit Übertrag.
09.03.12	Die SuS üben anhand des Arbeitsplans die schriftliche Addition mit Übertrag.
12.03.12	Die SuS können aus gegebenen Ziffern die größte und kleinste dreistellige Zahl bilden und diese schriftlich addieren.
13.03.12	4. Stunde: Korrektur und Rückgabe KA Nr. 4 (während 5 SuS nachschreiben) 5. Stunde: Die SuS lernen das Verfahren des schriftlichen Subtrahierens ohne Übertrag und üben dieses.
14.03.12	Die SuS lernen das Verfahren des schriftlichen Subtrahierens mit Übertrag und üben dieses.
16.03.12	Die SuS üben das Verfahren des schriftlichen Subtrahierens mit Übertrag anhand eines Arbeitsplanes.
19.03.12	Die SuS üben das Verfahren des schriftlichen Subtrahierens mit Übertrag anhand eines Arbeitsplanes.
20.03.12	(frei, da Tag vor d. Lehrprobe) interner Känguru-Wettbewerb (Mathematik)

---

[19] Vgl. Krauthausen, Günter und Scherer, Petra: Einführung in die Mathematikdidaktik. S. 226-229.

21.03.12	**Die SuS können produktive Übungen zur schriftlichen Subtraktion durchführen und dabei Besonderheiten in den Ergebnissen entdecken und beschreiben.**
23.03.12 26.03.12 27.03.12	Die SuS können mit Hilfe der schriftlichen Rechenverfahren Zusammenhänge und Gesetzmäßigkeiten an EDE- und AAL-Zahlen entdecken und beschreiben.
28.03.12	Klassenarbeit Nr. 5
30.03.12	Schulsingen / Rückgabe und Besprechung Klassenarbeit Nr. 5

5. Kompetenzen – Kriterien – kompetenzorientiertes Lernziel – Indikatoren

Kompetenzorientiertes Lernziel der Unterrichtssequenz:

Die SuS können produktive Übungen zur schriftlichen Subtraktion durchführen und dabei Besonderheiten in den Ergebnissen entdecken und beschreiben.

Kompetenzen	Kriterien	Indikatoren
Leitidee Zahl: **Die SuS können sicher** **schriftlich rechnen.** **(BP GS 2004, S.60)**	Schriftliche Subtraktion mit Übertrag. Aus drei Ziffern die größte und kleinste Zahl bilden.	Die SuS bilden aus 3 Ziffern die größte und die kleinste Zahl. Die SuS subtrahieren diese mit Hilfe des schriftlichen Rechenverfahrens voneinander.
Leitidee Muster und Strukturen: Die Schülerinnen und Schüler können [...] arithmetische Muster in innermathematischen [...] Kontexten erkennen, beschreiben und Vorhersagen zur Fortsetzung treffen. (BP GS 2004, S.61)	Muster entdecken und beschreiben	Die SuS überprüfen Ergebnis und Rechnung darauf, ob die Ziffern übereinstimmen und beginnen ggfs. die Berechnung erneut mit den Ziffern des Ergebnisses. Die SuS zählen die Anzahl der Rechnungen und bestimmen die Höhe des Turmes. Die SuS beschreiben entdeckte Muster. Manche SuS führen Berechnungen mit 4 Ziffern durch. Diese SuS tauschen neue Beobachtungen aus und notieren sie.

Allgemein mathematische Kompetenz: Argumentieren Die SuS können mathematische Zusammenhänge erkennen und Vermutungen entwickeln, Begründungen suchen und nachvollziehen.[20]		Die SuS beschreiben die Entdeckungen, die sie während des Rechnens gemacht haben. Die SuS notieren ihre Beobachtungen. Die SuS ergänzen ihre Beobachtungen durch den Austausch mit dem Partner. Die SuS diskutieren mit einem Partner mögliche Erklärungen.

6. Lernszenario vordenken

6.1 Einstieg

Um den Schülern den Verlauf und das Ziel der Unterrichtsstunde transparent zu machen, beginne ich die Stunde nach einer knappen Erläuterung der Rahmenhandlung mit einem in diesen Rahmen integrierten informierenden Einstieg. Hierbei erfolgt auch ein Hinweis auf die Schatzkarte, welche den Stundenablauf visualisiert.

6.2 Erarbeitung

Zunächst gebe ich den Schülern den ersten Hinweis, dass es erst einmal darauf ankommt, mit Hilfe der Minus-Aufgaben Türme mit möglichst vielen Stockwerken zu finden. Anschließend erläutere ich den Schülern anhand den Arbeitsanweisungen an der Tafel das Verfahren. Nun führe ich das Verfahren mit einem der Türme durch, um sicherzustellen, dass die Schüler den Ablauf verstanden haben. Hierbei möchte ich kurz das Bilden der größten und kleinsten dreistelligen Zahl aufgreifen und zudem mit Hilfe zweier Schüler das Rechenbeispiel an der Tafel lösen. Zur Veranschaulichung der Stockwerke werden nach der Besprechung des Turms diese unter den Turm gehängt.

Nun werden die nächsten Arbeitsschritte erläutert. Zunächst bearbeiten die Schüler mindestens fünf Türme auf einem Arbeitsblatt, entweder mit selbstgewählten oder zunächst mit den Ziffern an der Tafel. Hierbei geht es darum Türme, mit möglichst vielen Stockwerken zu finden und dabei Entdeckungen zu machen. Dann wird die Haltestelle und Partnerfindung erklärt. Anschließend beginnt die Übungsphase.

---

[20] Beschlüsse der Kultusministerkonferenz (15.02.2004): Bildungsstandards, S. 8.

6.3 Übungsphase

Nun berechnen die Schüler die Türme. Wenn mindestens fünf Türme berechnet wurden, dann schreiben die Schüler ihren Namen an die Haltestelle und holen sich danach das zweite Arbeitsblatt, auf welchem Beobachtungen notiert werden sollen. Sobald ein weiterer Schüler, die Türme berechnet und Beobachtungen gemacht hat, wischt er den Namen an der Haltestelle von der Tafel und bildet mit diesem ein Team. Mit dem Partner werden die Entdeckungen ausgetauscht und schriftlich fixiert. Gemeinsam sollen mögliche Erklärungen für die Entdeckungen gefunden werden.

Während dieser Übungsphase kontrolliere ich die Berechnungen der Schüler und geben, wenn nötig, Hilfestellung. Die Kontrolle ist auf einen Blick möglich, da die Ergebnisse immer die gleichen Zahlen ergeben und so Fehler von mir schnell bemerkt werden können.

Das Medium Arbeitsblatt habe ich deshalb gewählt, da in den nächsten Stunden bis Ostern die weitere Entdeckung von Zahlenmustern, wie z.B. EDE-Zahlen, thematisiert wird und daraus ein Forscherheft entstehen soll.

6.4 Differenzierung

Für die leistungsstarken Schüler stelle ich eine Differenzierung zur Verfügung, die sie herausfordern soll. Wenn die Schüler ihre Entdeckungen besprochen haben, Erklärungen gesucht und gegebenenfalls auch gefunden haben, dann erhalten sie als Differenzierung die Aufgabe zu überprüfen, ob Entdeckungen auch bei vierstelligen Zahlen gemacht werden können. Diese Beobachtungen sollen, wenn die Zeit ausreicht, notiert werden. Die Türme mit vierstelligen Zahlen sollten den starken Schülern keine Probleme bereiten, da sie mit Hilfe des schriftlichen Rechenverfahrens analog zu den dreistelligen Zahlen gerechnet werden können.

6.5 Ergebnissicherung

Mit Hilfe des bekannten Rituals des Klangstabes wird die Arbeitsphase beendet und die Schüler nehmen ihre normalen Sitzplätze ein. Nun werden die Türme an der Tafel besprochen und mit Stockwerken vervollständigt. Dadurch, dass die Ergebnisse der jeweiligen Rechnungen in den Stockwerken angebracht sind, können nun Beobachtungen sichtbar gemacht werden. Zunächst wird geklärt, wie viele Stockwerke es maximal gibt. Wenn Schüler höhere Türme berechnet haben, so muss ein Rechenfehler vorliegen. Auf diese soll in der Folgestunde eingegangen werden. Zur Überprüfung, wie viele Stockwerke es maximal gibt, soll der Brief mit dem Schlüssel zur Schatztruhe geöffnet und durch einen Schüler vorgelesen werden.

In diesem Brief wird die letzte Aufgabe benannt, die es zu erfüllen gilt, um das Schloss an der Truhe zu öffnen. Nun dürfen die Schüler alle Entdeckungen mitteilen. Hier möchte ich durch gezieltes Nachfragen möglichen Erklärungen Raum geben. Die stärkeren Schüler können beispielsweise erklären, dass die Neun an der Zehnerstelle auf den Übertrag zurückzuführen ist.

6.6 Abschluss

Den Abschluss bildet eine Rückmeldung an die Schüler und einen Ausblick auf die Folgestunde, in der auf die Entdeckungen dieser Stunde eingegangen werden soll. Abschließend wird ein Schüler das Schloss an der Schatztruhe öffnen und den Inhalt, die Schokoladenmünzen, an die Schüler verteilen. Die Schüler heften die Arbeitsblätter in die blauen Mathematikordner ab und werden in die große Pause verabschiedet.

7. Verlaufsplanung in Stichworten

Name: Tanja Steiner   **Datum:** 21.03.12 (8.30 Uhr - 9.15 Uhr)   **Fach:** Mathematik   **Klasse:** 3a

Thema: Die SuS können produktive Übungen zur schriftlichen Subtraktion durchführen und dabei Besonderheiten in den Ergebnissen entdecken und beschreiben.

Zeit	Phase	Lernszenario	Sozialform	Medien, Material	Indikatoren
8.30 Uhr	Einstieg	Begrüßung, informierender Einstieg durch Rahmenhandlung und vorstellen der Schatzkarte. Ziel: Minus-Aufgaben lösen und dabei etwas entdecken.	Frontal	Schatzkiste, Schatzkarte	
8.33 Uhr	Erarbeitung	1. Hinweis: Höchsten Turm finden. Verfahren zur Findung der Stockwerke mit Hilfe der Arbeitsanweisungen erklären und anhand des weißen Turmes mit den Ziffern 3, 1, 7 unter Einbezug der Schüler durchführen. Aufgabe: Mindestens 5 Türme, entweder komplett selbstgewählte Ziffern oder Türme an der Tafel. Partnerfindung an Haltestelle erklären. Bei Problemen melden. Austeildienst gibt ABs aus.	Frontal/ Unterrichts- gespräch	Türme, Arbeits- anweisungen Arbeitsblatt für Türme, Haltestelle	Die SuS hören aufmerksam der Erklärung zu und stellen ggfs. Verständnisfragen. Die SuS rechnen gemeinsam den Probeturm.
8.40 Uhr	Übungs- phase	SuS bestimmen die Anzahl der Stockwerke von min. 5 Türmen und machen dabei Entdeckungen. Wer fertig ist notiert Namen an der Haltestelle, holt sich das 2. AB und notiert Beobachtung bzw. findet einen Partner und tauscht sich mit diesem aus. Mögliche Beobachtungen: • Ergebnisse wiederholen sich. • An der Zehnerstelle steht immer die 9. • Einer + Hunderter = 9. • Quersumme ist immer 18. • Bei 495 geht es nicht mehr weiter, keine neue Rechnung möglich.	Einzelarbeit/ Partnerarbeit	Arbeitsblatt zum Beobachtungs- auftrag	Die SuS wählen drei beliebige, verschiedene Ziffern und bilden damit die größte und kleinste Zahl. Die SuS berechnen die Differenz der beiden Zahlen mit Hilfe des Verfahrens der schriftlichen Subtraktion. Die SuS überprüfen Ergebnis und Rechnung darauf, ob die Ziffern übereinstimmen und beginnen ggfs. die Berechnung erneut mit den Ziffern des Ergebnisses.

19

Zeit	Phase	Inhalt	Methode	Medien	SuS-Aktivitäten
	Differenzierung	SuS rechnen Türme mit vierstelligen Zahlen und versuchen hier ebenfalls Muster zu entdecken.			Die SuS zählen die Anzahl der Rechnungen und bestimmen die Höhe des Turmes. Die SuS hängen ihr Namensschild an die Haltestelle. Die Sus tauschen ihre Beobachtungen aus. Die SuS notieren ihre Beobachtungen. Die SuS diskutieren Erklärungen für die Beobachtungen. Die SuS führen Berechnungen mit 4 Ziffern durch. Die SuS tauschen neue Beobachtungen aus und notieren diese. Die SuS verbalisieren ihre Erkenntnisse. Die SuS erkennen, dass die Ergebnisse immer nach einem bestimmten Muster aufgebaut sind.
9.07 Uhr	Ergebnis-sicherung	Türme an der Tafel werden ausgewertet, höchste Anzahl der Stockwerke wird genannt. Kurzer Hinweis in Bezug auf Rechenfehler. Brief vorlesen mit letzter Aufgabe, bevor das Schloss geöffnet werden kann. Entdeckungen werden gesammelt. Gezieltes Nachfragen nach Erklärungen bzw. nach Entdeckungen bei vierstelligen Zahlen.	Unterrichts-gespräch	Stockwerke mit Ergebnissen, Brief, Schlüssel	
9.13 Uhr	Abschluss	Rückmeldung an SuS, Ausblick auf Folgestunde, Öffnen des Schlosses durch einen Schüler, Schatz (Schokoladenmünzen) werden verteilt. ABs in Mathematikordner einheften. Unterricht beenden und SuS in große Pause verabschieden.		Schokoladen-münzen	

20

8. Literaturverzeichnis

Beschlüsse der Kultusministerkonferenz (15.02.2004): Bildungsstandards im Fach Mathematik für den Primarbereich (Jahrgangsstufe 4). Wolters Kluwer Deutschland GmbH München, 2005.

Didaktik Mathematik am Seminar Nürtingen (a): Problemorientiertes und entdeckendes Lernen im Mathematikunterricht. Unveröffentlichtes Skript der Fachdidaktik Mathematik am Staatlichen Seminar für Didaktik und Lehrerbildung Nürtingen (GHWRS), 2011.

Krauthausen, Günter und Scherer, Petra: Einführung in die Mathematikdidaktik. 3. Auflage. Spektrum Akademischer Verlag Heidelberg, 2007.

Ministerium für Kultus, Jugend und Sport Baden-Württemberg: Bildungsplan für die Grundschule. Neckar-Verlag Stuttgart, 2004.

Padberg, Friedhelm: Didaktik der Arithmetik. BI-Verlag Mannheim, 1992.

Radatz, Hendrik und Schipper, Wilhelm: Handbuch für den Mathematikunterricht. 3.Schuljahr. Schroedel Verlag Hannover, 1999.

Schmidt, Johanna (Hrsg.): Mein Mathebuch 3. Bayrischer Schulbuch Verlag GmbH, 2009.

Wittmann, Erich Ch. Und Müller, Gerhard N.: Handbuch produktiver Rechenübungen. Band 2. Vom halbschriftlichen zum schriftlichen Rechnen. Klett Verlag Stuttgart, 1992.

Internetquelle:

http://www.iaz.uni-stuttgart.de/LstAGeoAlg/Rump/.mathe.pdf   (eingesehen 16.03.12)

http://www.geodaten-detmold.de/html/nahverkehr/Grafik/Haltestelle.png (Grafik „Haltestelle")

9. Anhang

9.1 Geplantes Tafelbild (eigene Fotografien)

Mitte 1:

Links: Rechts:

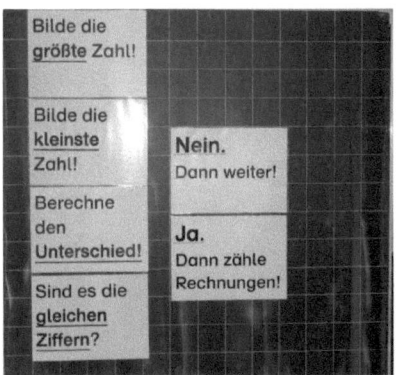

Mitte 2:

9.2 Eingesetzte Medien

Türme in verschiedenen Farben mit Ziffern versehen auf Din A4.

Dazu die verschiedenen Stockwerke in entsprechender Farbe:

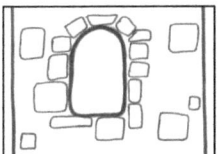

Grafik selbst erstellt   Grafik selbst erstellt

22

Des Weiteren werden die einzelnen Aufgaben auf einer <u>Schatzkarte</u> visualisiert:

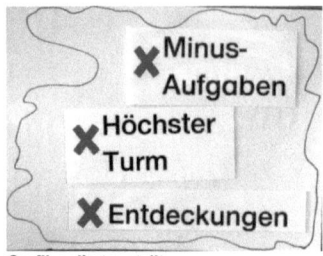

Grafik selbst erstellt

<u>Arbeitsanweisungen</u> für das Berechnen der Stockwerke:

Bilde die größte Zahl.

Bilde die kleinste Zahl.

Berechne den Unterschied.

Sind es die gleichen Ziffern?

Nein. Dann weiter!

Ja. Dann zähle Rechnungen!

<u>Inhalt des Briefes:</u>

„Habt ihr herausgefunden, dass die höchsten Türme 5 Stockwerke haben?
Wenn jemand einen höheren Turm errechnet hat, dann muss er ihn wohl noch einmal überprüfen.
Es trennt euch nur noch eine Aufgabe vom Schatz.
Das Schloss lässt sich öffnen, wenn ihr bei den Rechenergebnissen ein paar Besonderheiten
entdeckt habt."

<u>Arbeitsblätter:</u>

- Berechnung der Türme

- Entdeckungen (Vorderseite)

- Differenzierung (Rückseite)

23